또바기와 모도리의
야무진 수학

머리말

수학을 재미있어 하는 아이들은 그리 많지 않다. '수포자(數抛者)'라는 새말이 생길 정도로 아이들과 학부모들에게 걱정 1순위의 과목이 수학이다. 언제, 어떻게 시작을 해야 하는지 고민만 할 뿐 답을 찾지 못한다. 그러다 보니 대부분 취학 전 아이들은 숫자 이해 학습, 덧셈·뺄셈과 같은 단순 연산 반복 학습, 도형 색칠하기 등으로 이루어진 교재로 수학을 처음 접하게 된다.

수학 공부의 기본 과정은 수학적 개념을 익힌 후, 이를 다양한 문제 상황에 적용하여 수학적 원리를 깨치는 것이다. 아이들을 대상으로 하는 수학 교재들은 대부분 수학의 하위 영역에서 수학적 개념을 튼튼히 쌓게 하는 것보다 반복되는 문제 풀이를 통해 수의 연산 원리를 익히는 것에 초점을 맞추고 있다. 수학의 여러 영역에서 고차적인 수학적 사고력을 높이고 수학 실력을 향상시키기 위해서는 수학을 처음 접하는 시기부터 수학의 여러 하위 영역의 기본 개념을 확실히 짚어 주는 체계적인 수학 공부의 과정이 필요하다.

『또바기와 모도리의 야무진 수학(또모야-수학)』은 초등학교 1학년 수학의 기초적인 개념과 원리를 바탕으로 6~8세 아이들이 알아야 할 필수적인 수학 개념과 초등 수학 공부에 필수적인 학습 요소를 고려하여 모두 100개의 주제를 선정하여 10권으로 체계화하였다. 각 소단원은 '알아볼까요?-한걸음, 두걸음-실력이 쑥쑥-재미가 솔솔'의 단계로 나뉘어 심화·발전 학습이 이루어지도록 구성하였다. 개념 학습이 이루어진 후, 3단계로 심화·발전되는 체계적인 적용 과정을 통해 자연스럽게 수학적 원리를 익힐 수 있도록 하였다. 아이들이 부모님과 함께 산꼭대기에 오르면 산 아래로 펼쳐진 아름다운 경치와 시원함을 맛볼 수 있듯이, 이 책을 통해 그러한 기분을 경험할 수 있을 것이다. 부모님이나 선생님과 함께 한 단계씩 공부해 가면 초등 수학의 기초적인 개념과 원리를 튼튼히 쌓아 갈 수 있게 된다.

『또모야-수학』은 수학을 처음 접하는 아이들도 쉽고 재미있게 공부할 수 있도록 구성하고자 했다. 첫째, 소단원 100개의 각 단계는 아이들에게 친근하고 밀접한 장면과 대상을 소재로 활용하였다. 마트, 어린이집, 놀이동산 등 아이들이 실생활에서 경험할 수 있는 다양한 장면과 상황 속에서 수학 공부를 할 수 있도록 구성하였다. 참신하고 기발한 수학적 경험을 통해 수학의 필요성과 유용성을 이해하고 수학 학습의 즐거움을 느낄 수 있도록 하였다.

둘째, 아이들의 수준을 고려한 최적의 난이도와 적정 학습량을 10권으로 나누어 구성하였다. 힘들고 지루하지 않은 기간 내에 한 권씩 마무리해 가는 과정에서 성취감을 맛볼 수 있으며, 한글을 익히지 못한 아이도 부모님의 도움을 받아 가정에서 쉽게 학습할 수 있다. 셋째, 스토리텔링(story-telling) 기법을 도입하여 그림책을 읽는 기분으로 공부할 수 있도록 이야기, 그림, 디자인을 활용하였다. '모도리'와 '또바기', '새로미'라는 등장인물과 함께 아이들은 문제 해결 과정에 오랜 시간 흥미를 가지고 집중할 수 있다.

수학적 사고력과 수학 실력을 바탕으로 하지 않으면 기본 생활은 물론이고 직업 세계에서 좋은 성과를 얻기 어렵다는 것은 강조할 필요가 없다. 『또모야-수학』으로 공부하면서 생활 주변의 현상을 수학적으로 관찰하고 표현하며 즐겁게 문제를 해결하는 경험을 하기 바란다. 그리고 4차 산업혁명 시대의 창의적 역량을 갖춘 융합 인재가 갖추어야 할 수학적 사고력을 길러 나가길 바란다.

2021년 6월
기획 및 저자 일동

저자 약력

기획 및 감수 **이병규**
현 서울교육대학교 국어교육과 교수
문화체육관광부 국어정책과 학예연구관
문화체육관광부 국립국어원 학예연구사
서울교육대학교 국어교육과 졸업
연세대학교 대학원 문학 석사, 문학 박사
2009 개정 국어과 초등학교 국어 기획 집필위원
2015 개정 교육과정 심의회 국어 소위원회 부위원장
야무진 한글 기획 및 발간
야무진 어휘 공부 기획
근간 국어 문법 교육론(2019) 외 다수의 논저

저자 **송준언**
현 세종나래초등학교 교사
서울교육대학교 컴퓨터교육과 졸업
서울교육대학교 교육대학원 초등수학교육학과 졸업

저자 **김지환**
현 서울북가좌초등학교 교사
서울교육대학교 수학교육과 졸업
서울교육대학교 교육대학원 초등수학교육학과 졸업

이렇게 활용해요

 알아볼까요?

 한걸음 두걸음

 짝수와 홀수를 알아봅시다

알맞은 말에 ○표 해 봅시다.

 1 둘씩 짝을 지을 수 (있어요 , 없어요).

 2 둘씩 짝을 지을 수 (있어요 , 없어요).

개념이 쏙쏙
- 1, 3, 5, 7, 9와 같이 둘씩 짝을 지을 수 없는 수를 홀수라고 합니다.
- 2, 4, 6, 8, 10과 같이 둘씩 짝을 지을 수 있는 수를 짝수라고 합니다.

34

 짝수와 홀수를 알아봅시다

둘씩 짝을 지어 보고, 알맞은 말에 ○표 해 봅시다.

① 홀수 짝수

② 홀수 짝수

③ 홀수 짝수

④ 홀수 짝수

⑤ 홀수 짝수

⑥ 홀수 짝수

35

생활에서 접할 수 있는 다양한 수학적 상황을
그림으로 재미있게 표현하여 학습 주제를 보여 줍니다.

학습 주제를 알고 공부하는 처음 단계로
수학 공부의 재미를 느끼게 합니다.

학습도우미

생각하기 1

학습 주제를 간단한
문제로 나타냅니다.

개념이 쏙쏙

핵심 개념을 쉽고
간단하게 설명합니다.

붙임딱지 ❶ 활용

다양한 붙임딱지로
흥미롭게 학습할 수 있습니다.

실력이 쑥쑥   재미가 솔솔

 수의 순서를 알아봅시다

 빈칸에 알맞은 수를 써 봅시다.

 수의 순서를 알아봅시다

 50부터 100까지 순서대로 선을 연결해 봅시다.

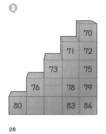 

앞에서 배운 기초를 바탕으로 응용 문제를 공부하고 수학 실력을 다집니다.

퍼즐, 미로 찾기, 붙임딱지 등의 다양한 활동으로 수학 공부를 마무리합니다.

등장 인물

또바기
'언제나 한결같이'를 뜻하는 우리말 이름을 가진 귀여운 돼지 친구입니다.

모도리
'빈틈없이 아주 야무진 사람'을 뜻하는 우리말 이름을 가진 아이입니다.

새로미
새로운 것에 호기심이 많고 쾌활하며 당차고 씩씩한 아이입니다.

차례

1 100까지의 수

60, 70, 80, 90을 알아봅시다	10
99까지의 수를 알아봅시다	16
수의 순서를 알아봅시다	22
수의 크기를 비교해 봅시다	28
짝수와 홀수를 알아봅시다	34
알맞은 말을 붙여 세어 봅시다	38
여러 가지 단위로 세어 봅시다	42

2 규칙 찾기

규칙을 찾아봅시다   48

규칙을 만들어 봅시다   52

수 배열에서 규칙을 알아봅시다   56

연습문제   60

부록

상장   64

정답   65

붙임딱지

5단계

1. 100까지의 수

60, 70, 80, 90을 알아봅시다

 빈칸에 알맞은 수를 써 봅시다.

1 사과는 한 상자에 몇 개씩 들어가나요?

2 상자가 I개씩 늘어날 때마다 사과는 몇 개씩 늘어날까요?

3 6상자, 7상자, 8상자, 9상자가 되면 사과는 몇 개가 될지 이야기해 봅시다.

사과가 모두 몇 개인지 세어 빈칸에 알맞은 수를 쓰고, 따라 써 봅시다.

10개씩 ☐ 상자

60

10개씩 묶음 6개를 60이라고 하고, **육십** 또는 **예순**이라고 읽습니다.

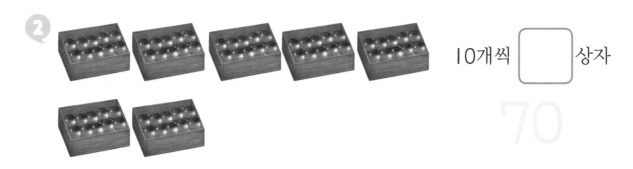

10개씩 ☐ 상자

70

10개씩 묶음 7개를 70이라고 하고, **칠십** 또는 **일흔**이라고 읽습니다.

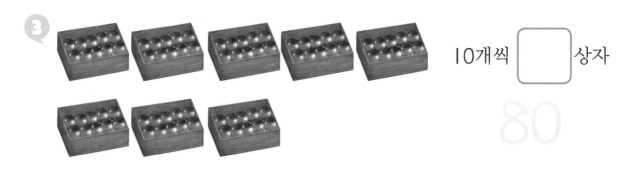

10개씩 ☐ 상자

80

10개씩 묶음 8개를 80이라고 하고, **팔십** 또는 **여든**이라고 읽습니다.

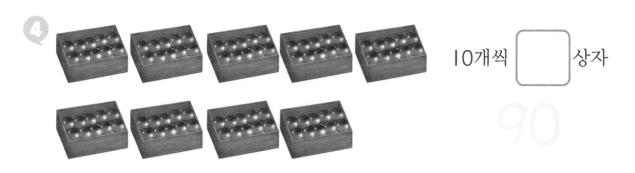

10개씩 ☐ 상자

90

10개씩 묶음 9개를 90이라고 하고, **구십** 또는 **아흔**이라고 읽습니다.

60, 70, 80, 90을 알아봅시다

 따라 쓰면서 수를 바르게 읽어 봅시다.

60	70	80	90
예순	일흔	여든	아흔

 빈칸에 알맞은 수를 써 봅시다.

10개씩 6묶음은 **60** 입니다.   10개씩 7묶음은 ☐ 입니다.

10개씩 8묶음은 ☐ 입니다.   10개씩 9묶음은 ☐ 입니다.

 알맞게 선을 연결해 봅시다.

60 ·	· 팔십 ·	· 일흔
70 ·	· 육십 ·	· 아흔
80 ·	· 칠십 ·	· 여든
90 ·	· 구십 ·	· 예순

10개씩 묶어 세어 보고, 빈칸에 알맞은 수를 써 봅시다.

1

2

3

4

60, 70, 80, 90을 알아봅시다

 붙임딱지를 붙여 아래의 수에 맞게 그림을 완성해 봅시다.

1

사탕 60개

2

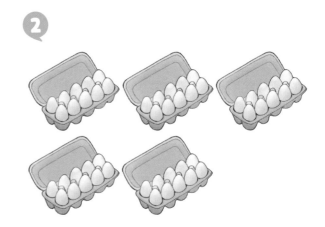

계란 70개

3

색종이 90장

4

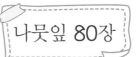

나뭇잎 80장

14

60, 70, 80, 90을 알아봅시다

 60과 같은 수를 연결해 할머니 집까지 무사히 가 봅시다.

9 9까지의 수를 알아봅시다

 빈칸에 알맞은 수를 써 봅시다.

생각하기
1 책장 l칸에는 책이 몇 권씩 있나요?

생각하기
2 책장에는 책이 모두 몇 권 있나요?

생각하기
3 또바기가 들고 있는 책은 모두 몇 권인가요?

생각하기
4 그림에서 볼 수 있는 책은 모두 몇 권인가요?

16

책은 모두 몇 권인지 알아봅시다.

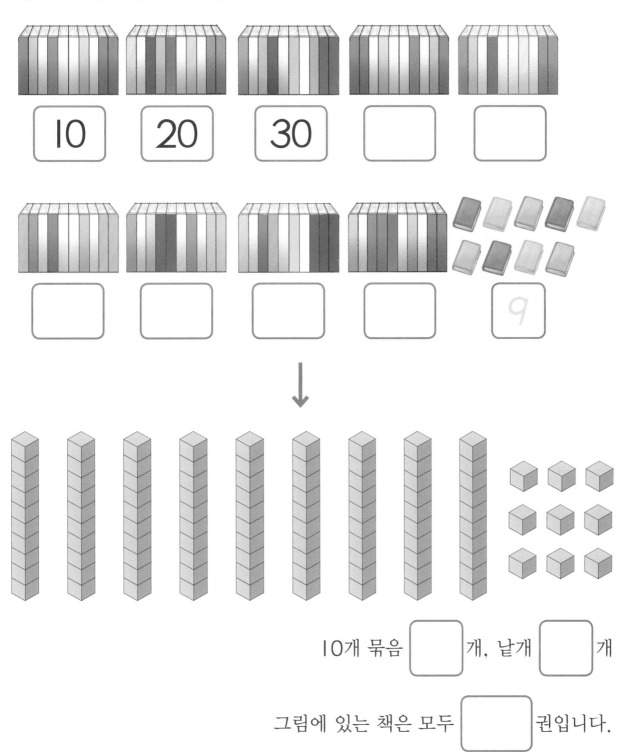

| 10 | 20 | 30 | | |

| | | | | 9 |

10개 묶음 ☐개, 낱개 ☐개

그림에 있는 책은 모두 ☐권입니다.

개념이 쏙쏙

- 99까지의 수는 10개 묶음과 낱개로 나누어 수를 세고 읽습니다.
- 99와 같이 몇십몇의 수를 두 자리 수라고 합니다.

 알맞게 선을 연결해 봅시다.

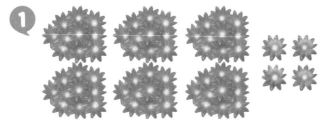

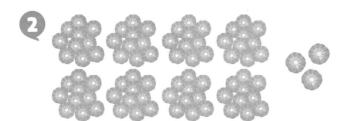

- 여든셋
- 76
- 일흔여섯
- 64
- 예순넷
- 83

 모도리의 과자에는 ○표, 새로미의 과자에는 △표 해 봅시다.

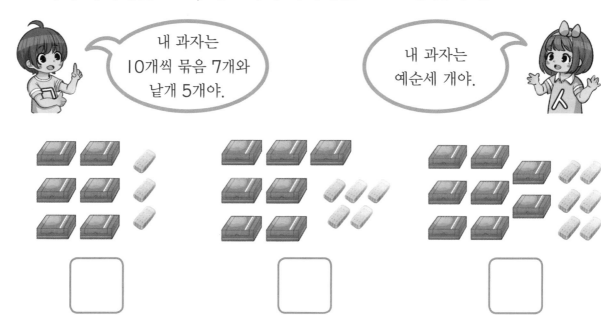

18

보기와 같이 수만큼 색칠하고, 빈칸에 알맞은 수를 써 봅시다.

보기

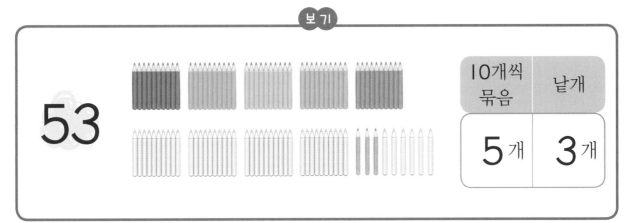

10개씩 묶음	낱개
5개	3개

53

1

66

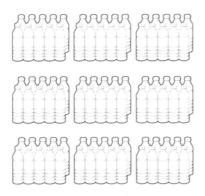

10개씩 묶음	낱개
개	개

2

78

10개씩 묶음	낱개
개	개

3

94

10개씩 묶음	낱개
개	개

99까지의 수를 알아봅시다

 바닥에 있는 블록의 수를 10개씩 묶음과 낱개로 나누어 세어 봅시다.

10개씩 묶음	낱개	블록의 수
개	개	개

99까지의 수를 알아봅시다

 생일 케이크에 붙임딱지로 초를 붙여 봅시다.

붙임딱지 **2** 활용

할머니 62번째 생신 축하드려요.

삼촌 34번째 생일 축하해요.

알아볼까요?

수의 순서를 알아봅시다

 빈칸에 알맞은 수를 써 봅시다.

| 50 | 51 | 52 | 53 | 54 | 55 | 56 | 57 | 58 | 59 | 60 | 61 | 6 |
| 75 | 76 | 77 | 78 | 79 | 80 | 81 | 82 | 83 | 84 | 85 | 86 | 8 |

생각하기 1  의 옷장 번호는 [ ] 입니다.

생각하기 2 의 옷장 번호는 [ ] 입니다.

개념이 쏙쏙

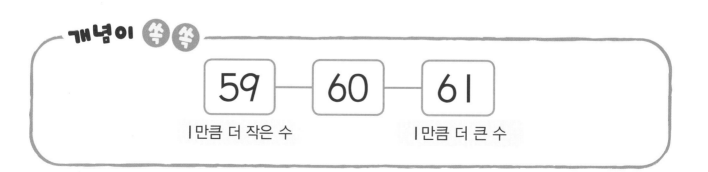

59 — 60 — 61

1만큼 더 작은 수   1만큼 더 큰 수

 의 열쇠에 적힌 수는 100 입니다.

개념이 쏙쏙

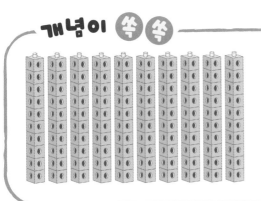

100 백

99보다 1만큼 더 큰 수를 100이라고 쓰고, 백이라고 읽습니다.

수의 순서를 알아봅시다

 빈칸에 알맞은 수를 (보기)에서 찾아 써 봅시다.

보기

50, 51, 52, 53, 54, 55, 56, 57, 58, 59, 60

| 51 | 1만큼 더 큰 수 → | | | ← 1만큼 더 작은 수 | 54 |

| 55 | 1만큼 더 큰 수 → | | | ← 1만큼 더 작은 수 | 59 |

 수의 순서에 맞게 빈칸에 알맞은 수를 써 봅시다.

1

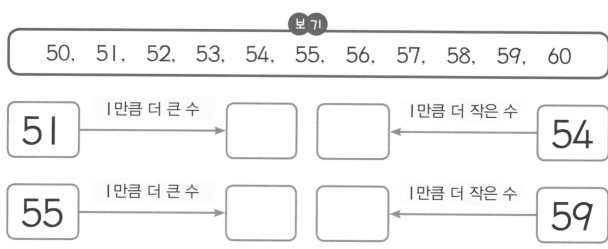

2

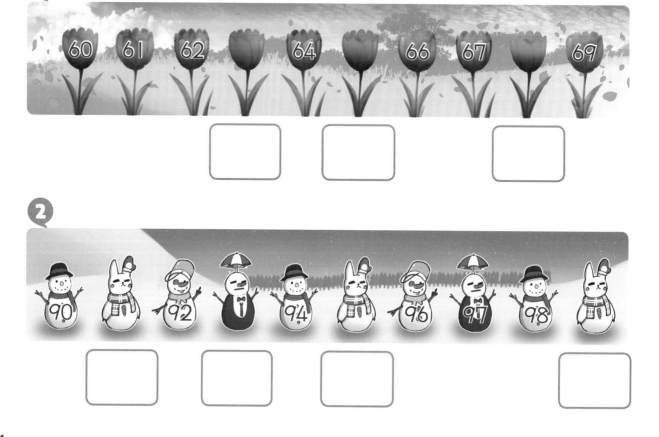

24

100을 따라 쓰면서 바르게 읽어 봅시다.

100 백	100	100	100	100	100

 빈칸에 알맞은 수를 써 봅시다.

1

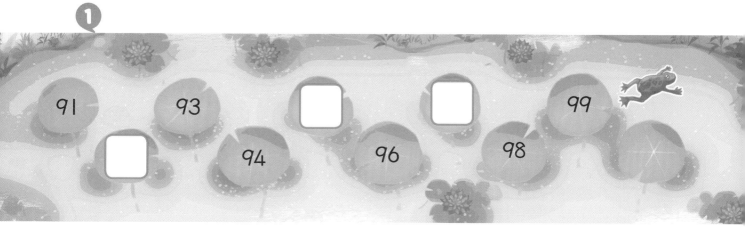

91 93 ☐ ☐ 99
☐ 94 96 98

99보다 1만큼 더 큰 수는 ☐ 입니다.

2

10 20 30 ☐ 50 ☐ 70 ☐ 90

90보다 10만큼 더 큰 수는 ☐ 입니다.

수의 순서를 알아봅시다

 빈칸에 알맞은 수를 써 봅시다.

1

2

3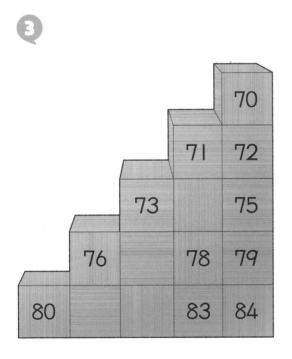

4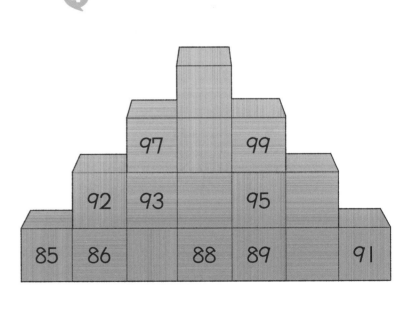

수의 순서를 알아봅시다

 50부터 100까지 순서대로 선을 연결해 봅시다.

수의 크기를 비교해 봅시다

알맞은 바구니에 ○표 해 봅시다.

 악어가 어떤 바구니를 보고 입을 벌리고 있나요?   ,

두 수의 크기를 비교해 보고, 알맞은 말에 ○표 해 봅시다.

❶

25 (>) 13

25는 13보다 (작습니다 , 큽니다).

❷

17 (<) 34

17은 34보다 (작습니다 , 큽니다).

개념이 쏙쏙

- 수의 크기를 비교할 때 >과 <를 사용합니다.
- 25>13는 "이십오는 십삼보다 **큽니다.**"라고 읽습니다.
- 17<34 는 "십칠은 삼십사보다 **작습니다.**"라고 읽습니다.

수의 크기를 비교해 봅시다

 두 수의 크기를 보기와 같이 비교해 봅시다.

보기

14 > 12

14는 12보다 (작습니다 , 큽니다).

❶

56 ◯ 59

56은 59보다 (작습니다 , 큽니다).

❷

30 ◯ 25

30은 25보다 (작습니다 , 큽니다).

빈칸에 알맞은 수를 쓰고, >과 <를 사용해 수의 크기를 비교해 봅시다.

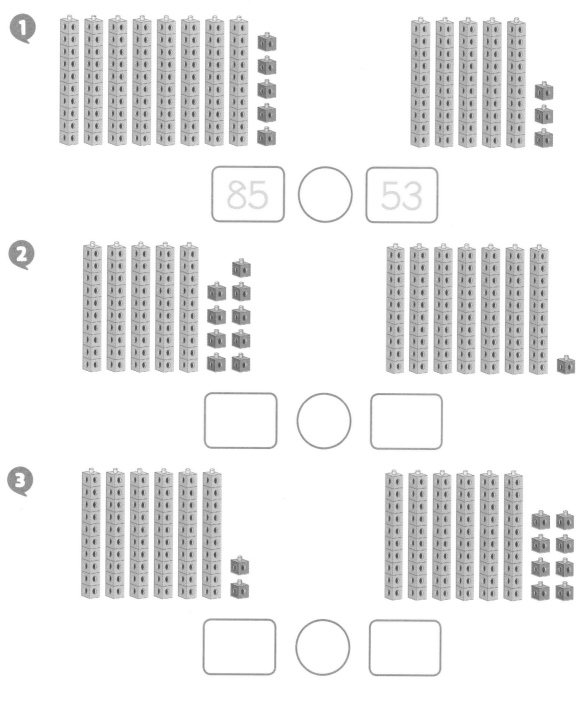

① 85 ◯ 53

②   ◯

③   ◯

 수의 크기를 비교해 ◯ 안에 >과 <를 알맞게 써넣어 봅시다.

① 78 ◯ 56

② 68 ◯ 80

③ 67 ◯ 65

④ 93 ◯ 99

수의 크기를 비교해 봅시다

 수가 큰 것부터 순서대로 빈칸에 써 봅시다.

1

53 63 73

| 73 | > | | > | |

2

78 76 71

| | > | | > | |

3

68 92 88

| | > | | > | |

수의 크기를 비교해 봅시다

 숫자카드 놀이를 해 봅시다.

숫자카드 9장을 숫자가 보이지 않도록 바닥에 뒤집어 놓아요.

두 사람이 가위바위보로 순서를 정해요.

카드를 한 장씩 뒤집어서 수의 크기를 비교해요.

더 큰 숫자가 나온 사람은 카드를 가져가요. 더 작은 숫자카드는 다시 바닥에 뒤집어 놓아요.

카드가 1장 남을 때까지 계속 놀이를 해요.

더 많은 카드를 가지고 간 사람이 승리!

짝수와 홀수를 알아봅시다

 알맞은 말에 ○표 해 봅시다.

 1 둘씩 짝을 지을 수 (있어요 , 없어요).

 2 둘씩 짝을 지을 수 (있어요 , 없어요).

개념이

- 1, 3, 5, 7, 9와 같이 둘씩 짝을 지을 수 없는 수를 홀수라고 합니다.
- 2, 4, 6, 8, 10과 같이 둘씩 짝을 지을 수 있는 수를 짝수라고 합니다.

짝수와 홀수를 알아봅시다

 둘씩 짝을 지어 보고, 알맞은 말에 ○표 해 봅시다.

1

홀수   짝수

2

홀수   짝수

3
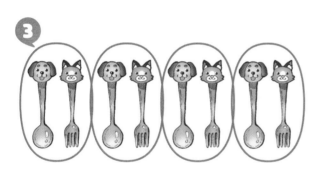

홀수   짝수

4
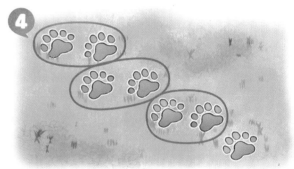

홀수   짝수

5

홀수   짝수

6

홀수   짝수

짝수와 홀수를 알아봅시다

 보기와 같이 수를 세어 빈칸에 쓰고, 짝수인지 홀수인지 ○표 해 봅시다.

보기

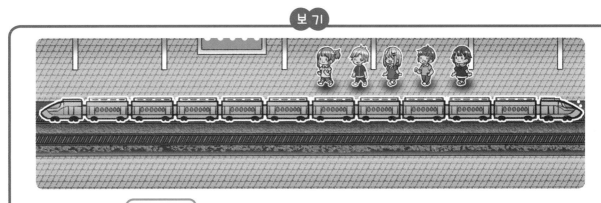

기차는 모두 **12** 칸입니다. 기차의 칸은 (홀수 , ⟨짝수⟩)입니다.

나무는 모두 ☐ 그루입니다. 나무의 수는 (홀수 , 짝수)입니다.

자동차는 모두 ☐ 대입니다. 자동차의 수는 (홀수 , 짝수)입니다.

짝수와 홀수를 알아봅시다

 네잎클로버 4개를 찾아 색칠해 봅시다.

알맞은 말을 붙여 세어 봅시다

 빈칸에 알맞은 말을 써 봅시다.

책이 5 ⬜ 있어.

빵이 4 ⬜ 있어.

강아지가 3 ⬜ 있어.

1 ⬜ 에 들어갈 말은 무엇인가요?

2 ⬜ 에 들어갈 말은 무엇인가요?

3 ⬜ 에 들어갈 말은 무엇인가요?

개념이 쏙쏙

책 다섯 권, 강아지 세 마리, 빵 네 개처럼 무엇을 세는지에 따라서 **권, 마리, 개**와 같은 말을 붙여서 셉니다.

알맞은 말을 붙여 세어 봅시다

 수를 세어 빈칸에 쓰고, 보기 에서 알맞은 말을 골라 써 봅시다.

보기

| 개 송이 마리 그루 권 자루 명 병 대 |

❶

| 12 | 개 |

❷

❸

❹

❺

❻

39

알맞은 말을 붙여 세어 봅시다

 세는 말이 같은 것끼리 선으로 연결해 봅시다.

1 　　　　· 마리

2 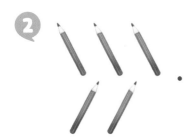　　　　· 대

3 　　　　· 자루

빈칸에 들어갈 말을 골라 ○표 해 봅시다.

1

주스 3 ☐ 을 사도 될까요?

| 개 | 병 | 명 |

2

꽃이 10 ☐ 피었어요.

| 자루 | 마리 | 송이 |

알맞은 말을 붙여 세어 봅시다

 보기와 같이 붙여 세는 말을 바르게 고쳐 써 봅시다.

보기

새 10명이 날아가고 있어요.

| 명 | → | 마리 |

❶

엄마, 꽃을 20장 사 왔어요.

| | → | |

❷

혹시 책을 6개 빌릴 수 있을까요?

| | → | |

❸

오늘 주스 2자루 먹어도 되나요?

| | → | |

여러 가지 단위로 세어 봅시다

 빈칸에 알맞은 말을 써 봅시다.

줄넘기 10 [ ] 넘기

운동장 5 [ ] 뛰기

주스 4 [ ]

1 [ ]에 들어갈 말은 무엇인가요?

2 [ ]에 들어갈 말은 무엇인가요?

3 [ ]에 들어갈 말은 무엇인가요?

개념이 쏙 쏙

줄넘기 열 번, 운동장 다섯 바퀴, 주스 네 잔처럼 무엇을 세는지에 따라서 번, 바퀴, 잔과 같은 말을 붙여서 셉니다.

42

여러 가지 단위로 세어 봅시다

 빈칸에 알맞은 수를 쓰고, 보기 에서 알맞은 말을 골라 써 봅시다.

보기

번 포기 쪽 층 잔 칸 바퀴 장 척

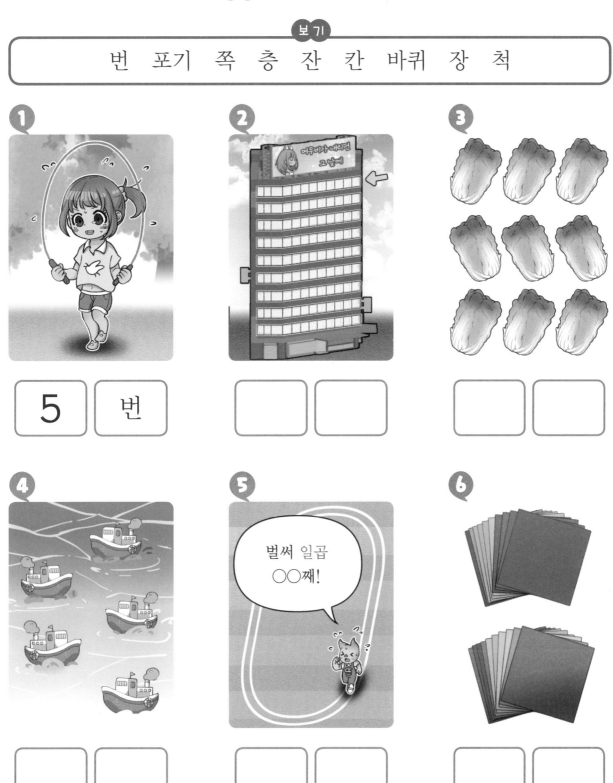

1

5	번

2

3

4

5

벌써 일곱 ○○째!

6

 세는 말이 같은 것끼리 선으로 연결해 봅시다.

❶ 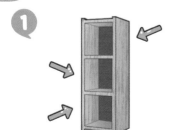 · ·  · · 척

❷ · · 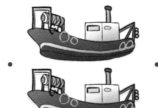 · · 칸

❸  · ·  · · 잔

 빈칸에 들어갈 알맞은 말을 골라 ○표 해 봅시다.

❶ 60 □ 의 책을 읽었어요.

쪽 척 명

❷ 운동장을 4 □ 뛰었어요.

그루 바퀴 자루

❸ 50 □ 에 있는 전망대에 다녀왔어요.

개 층 잔

여러 가지 단위로 세어 봅시다

 보기와 같이 그림에 ○표 하고, 알맞은 말을 붙여 읽어 봅시다.

보기

양말 1켤레

양말은 **6** 켤레입니다.

❶

오리 1쌍

오리는 [ ] 쌍입니다.

❷

옷 1벌

옷은 [ ] 벌입니다.

❸

계란 1판

계란은 [ ] 판입니다.

5단계

2. 규칙 찾기

규칙을 찾아봅시다

 규칙을 생각하며 마지막에 끼울 구슬에 알맞은 색을 칠해 봅시다.

1 또바기는 다음에 무슨 색 구슬을 꿰어야 하나요?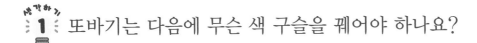

2 새로미는 다음에 무슨 색 구슬을 꿰어야 하나요?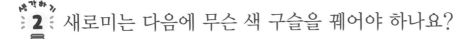

3 모도리는 다음에 무슨 색 구슬을 꿰어야 하나요?

48

규칙을 찾아봅시다

 규칙에 따라 빈칸에 알맞은 색을 칠해 봅시다.

 규칙에 따라 빈칸에 알맞은 그림을 그려 봅시다.

붙임딱지 ❷ 활용

❶

❷

규칙을 찾아봅시다

 규칙에 따라 빈칸에 붙임딱지를 붙여 봅시다.

1

2

3

규칙을 찾아봅시다

 규칙에 따라 빈칸에 알맞은 요가 동작을 붙임딱지로 붙이고, 세 번씩 따라 해 봅시다.

붙임딱지 ❸ 활용

규칙을 만들어 봅시다

 어떤 규칙으로 블록을 쌓고 있는지 말해 봅시다.

 1 새로미는 어떤 규칙으로 블록을 쌓고 있나요?

 2 또바기는 어떤 규칙으로 블록을 쌓고 있나요?

 3 모도리는 어떤 규칙으로 블록을 쌓고 있나요?

규칙을 만들어 봅시다

 보기와 같이 색이 반복되도록 규칙을 만들어 색칠해 봅시다.

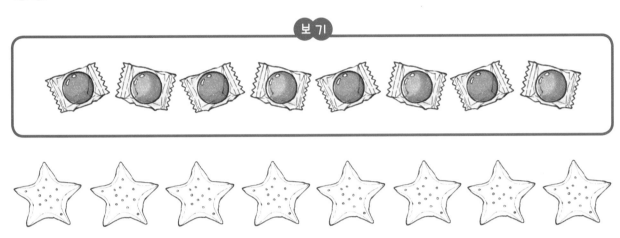

 보기와 같이 색이 반복되는 규칙을 만들어 색칠하고, 무늬를 꾸며 봅시다.

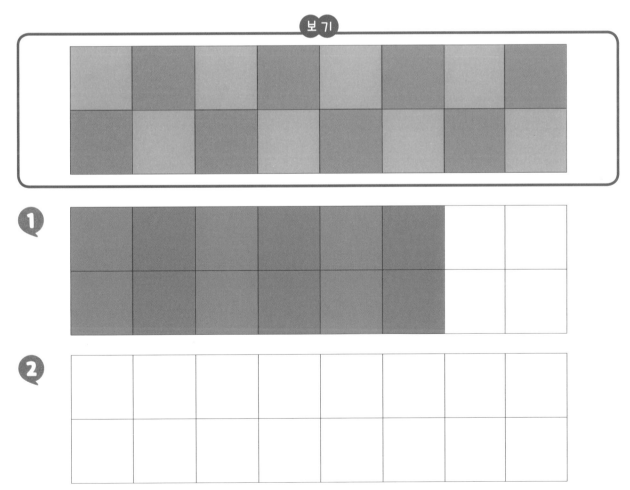

규칙을 만들어 봅시다

 보기와 같이 여러 가지 모양으로 규칙을 만들고, 무늬를 꾸며 봅시다.

보 기

○	□	○	□	○	□	○	□

①

□	○	○	□	○	○		

②

③

◇	◇	△	△	◇	◇		
△	△	◇	◇	△	△		

④

54

규칙을 만들어 봅시다

새로미와 같이 규칙에 따라 붙임딱지를 붙여 목걸이를 만들어 봅시다.

붙임딱지 ❸ 활용

수 배열에서 규칙을 알아봅시다

 알맞은 차에 ○표 해 봅시다.

1357

7777

9876

수가 2씩 커지고 있어.

수가 1씩 작아지는데?

같은 수가 반복되고 있어.

1 또바기의 규칙에 맞는 차는 어느 것인가요?

2 모도리의 규칙에 맞는 차는 어느 것인가요?

3 새로미의 규칙에 맞는 차는 어느 것인가요?

개념이 쏙쏙

수를 보며 다양한 규칙을 찾을 수 있습니다.

2씩 커지는 규칙	같은 수가 반복되는 규칙	1씩 작아지는 규칙
1-3-5-7	7-7-7-7	9-8-7-6

56

수 배열에서 규칙을 알아봅시다

 보기와 같이 빈칸에 알맞은 수를 써 봅시다.

보기

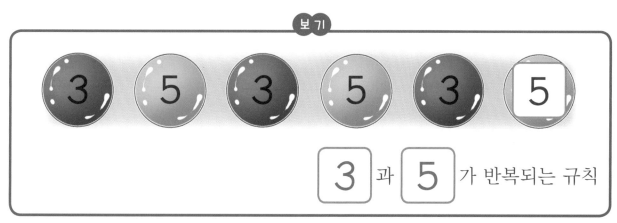

3 과 5 가 반복되는 규칙

1

[   ] 씩 커지는 규칙

2

[   ] 씩 작아지는 규칙

수 배열에서 규칙을 알아봅시다

 빈칸에 알맞은 수를 써 봅시다.

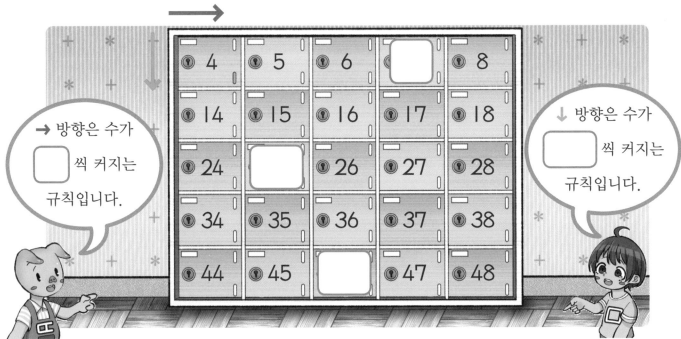

→ 방향은 수가 ☐ 씩 커지는 규칙입니다.

↓ 방향은 수가 ☐ 씩 커지는 규칙입니다.

빈칸에 알맞은 수를 써 봅시다.

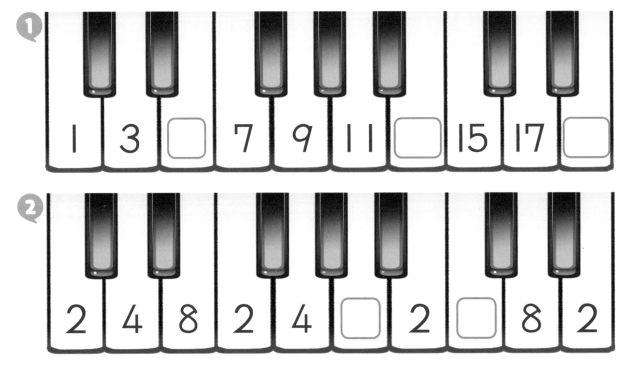

❶ 1 3 ☐ 7 9 11 ☐ 15 17 ☐

❷ 2 4 8 2 4 ☐ 2 ☐ 8 2

수 배열에서 규칙을 알아봅시다

암호문의 규칙대로 색칠하여 그림을 완성해 봅시다.

1 빈칸에 알맞은 수를 써 봅시다.

1	2	3		5	6	7	8		10
11	12		14	15		17	18	19	20
	23	24		26	27		29	30
31	32	33		35		37	38	39	
41		43	44	45	46		48	49	
51		53		55	56	57		59	60
61	62		64		66		68	69	70
	72	73	74	75		77	78		80
81	82		84	85	86	87		89	90
91		93	94			97	98		

2 빈칸에 알맞은 수를 써 봅시다.

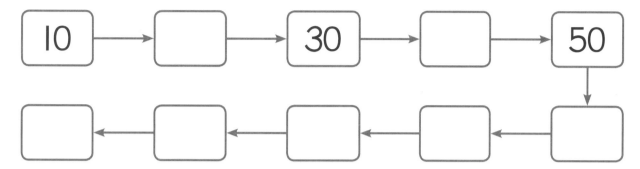

3 빈칸에 알맞은 수를 써 봅시다.

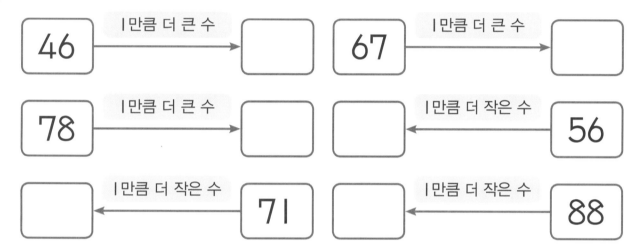

4 빈칸에 알맞은 수를 써 봅시다.

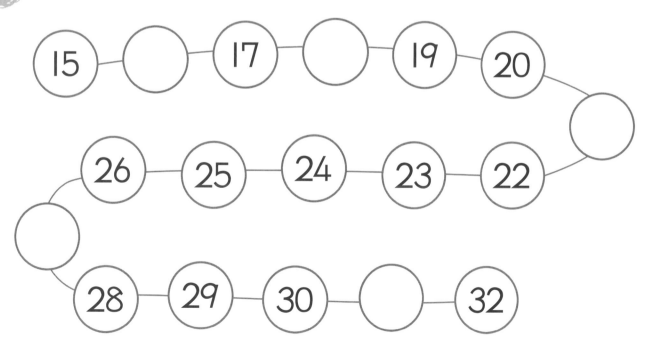

5 수의 크기를 비교하여 >, <를 사용하여 나타내 봅시다.

❶ 15 ◯ 21   ❷ 25 ◯ 24

❸ 54 ◯ 57   ❹ 60 ◯ 90

❺ 87 ◯ 78   ❻ 42 ◯ 39

❼ 95 ◯ 91   ❽ 89 ◯ 90

❾ 42 ◯ 73   ❿ 65 ◯ 93

6 수를 보고 알맞은 말에 ◯표 해 봅시다.

❶ 6   ❷ 19   ❸ 35

| 짝수 홀수 | 짝수 홀수 | 짝수 홀수 |

❹ 40   ❺ 58   ❻ 77

| 짝수 홀수 | 짝수 홀수 | 짝수 홀수 |

7 규칙을 찾아 빈칸에 들어갈 모양을 그려 봅시다.

1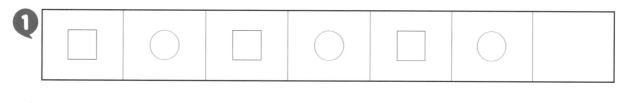

2

3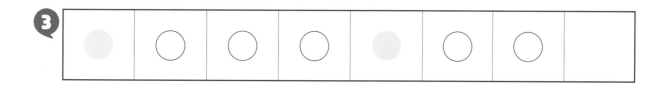

8 규칙을 찾아 빈칸에 들어갈 수를 써 봅시다.

1

2

3

4

상장

이름: _____

위 어린이는 또바기와 모도리의

야무진 수학 5단계를 훌륭하게 마쳤으므로

이 상장을 주어 칭찬합니다.

년 월 일

10쪽

60, 70, 80, 90을 알아봅시다

빈칸에 알맞은 수를 써 봅시다.

1 사과는 한 상자에 몇 개씩 들어가나요? 10개

2 상자가 1개씩 늘어날 때마다 사과는 몇 개씩 늘어날까요? 10개

3 6상자, 7상자, 8상자, 9상자가 되면 사과는 몇 개가 될지 이야기해 봅시다.
60개, 70개, 80개, 90개

10

11쪽

사과가 모두 몇 개인지 세어 빈칸에 알맞은 수를 쓰고, 따라 써 봅시다.

1 10개씩 6 상자
60

10개씩 묶음 6개를 60이라고 하고, 육십 또는 예순이라고 읽습니다.

2 10개씩 7 상자
70

10개씩 묶음 7개를 70이라고 하고, 칠십 또는 일흔이라고 읽습니다.

3 10개씩 8 상자
80

10개씩 묶음 8개를 80이라고 하고, 팔십 또는 여든이라고 읽습니다.

4 10개씩 9 상자
90

10개씩 묶음 9개를 90이라고 하고, 구십 또는 아흔이라고 읽습니다.

11

12쪽

60, 70, 80, 90을 알아봅시다

따라 쓰면서 수를 바르게 읽어 봅시다.

60	70	80	90
예순	일흔	여든	아흔

빈칸에 알맞은 수를 써 봅시다.

10개씩 6묶음은 60 입니다.   10개씩 7묶음은 70 입니다.

10개씩 8묶음은 80 입니다.   10개씩 9묶음은 90 입니다.

알맞게 선을 연결해 봅시다.

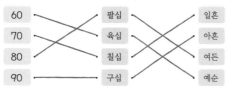

12

13쪽

10개씩 묶어 세어 보고, 빈칸에 알맞은 수를 써 봅시다.

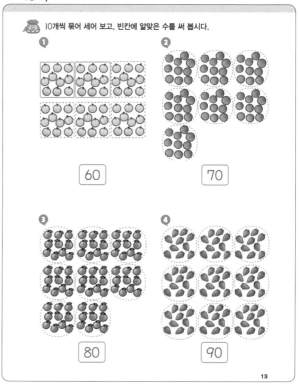

1 60   2 70

3 80   4 90

13

14쪽

60, 70, 80, 90을 알아봅시다

붙임딱지를 붙여 아래의 수에 맞게 그림을 완성해 봅시다.

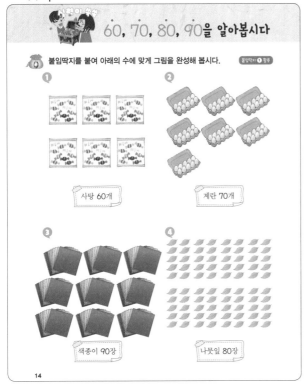

❶ 사탕 60개

❷ 계란 70개

❸ 색종이 90장

❹ 나뭇잎 80장

14

15쪽

60, 70, 80, 90을 알아봅시다

60과 같은 수를 연결해 할머니 집까지 무사히 가 봅시다.

15

16쪽

99까지의 수를 알아봅시다

빈칸에 알맞은 수를 써 봅시다.

1 책장 1칸에는 책이 몇 권씩 있나요? 10권

2 책장에는 책이 모두 몇 권 있나요? 90권

3 또바기가 들고 있는 책은 모두 몇 권인가요? 9권

4 그림에서 볼 수 있는 책은 모두 몇 권인가요? 99권

16

17쪽

책은 모두 몇 권인지 알아봅시다.

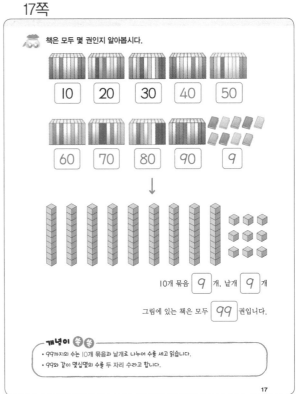

10개 묶음 9 개, 낱개 9 개

그림에 있는 책은 모두 99 권입니다.

개념이
• 99까지의 수는 10개 묶음과 낱개로 나누어 수를 세고 읽습니다.
• 99와 같이 몇십몇의 수를 두 자리 수라고 합니다.

17

18쪽

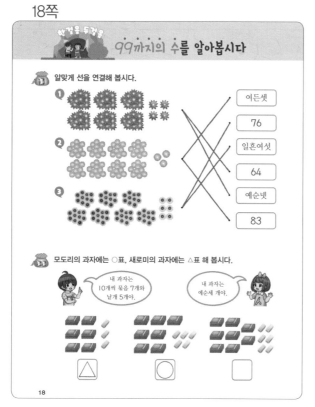

19쪽

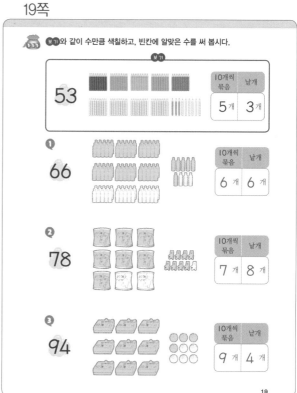

20쪽

21쪽

수의 순서를 알아봅시다

빈칸에 알맞은 수를 써 봅시다.

50	51	52	53	54	55	56	57	58	59	60	61	62
75	76	77	78	79	80	81	82	83	84	85	86	87

1 🐾 의 옷장 번호는 **61** 입니다.

2 🐱 의 옷장 번호는 **59** 입니다.

개념이 🐾🐱

59	60	61
1만큼 더 작은 수		1만큼 더 큰 수

22

63	64	65	66	67	68	69	70	71	72	73	74
88	89	90	91	92	93	94	95	96	97	98	99

내 열쇠에 적힌 숫자는 60보다 1만큼 더 작아.

내 옷장 번호는 60보다 1만큼 더 큰 수야.

내 열쇠에는 숫자가 3개나 써 있어.

3 🐱 의 열쇠에 적힌 수는 **100** 입니다.

개념이 🐾🐱

100 백

99보다 1만큼 더 큰 수를 100이라고 쓰고, 백이라고 읽습니다.

23

수의 순서를 알아봅시다

빈칸에 알맞은 수를 보기 에서 찾아 써 봅시다.

보기
50, 51, 52, 53, 54, 55, 56, 57, 58, 59, 60

51 —1만큼 더 큰 수→ 52　53 ←1만큼 더 작은 수— 54

55 —1만큼 더 큰 수→ 56　58 ←1만큼 더 작은 수— 59

수의 순서에 맞게 빈칸에 알맞은 수를 써 봅시다.

❶
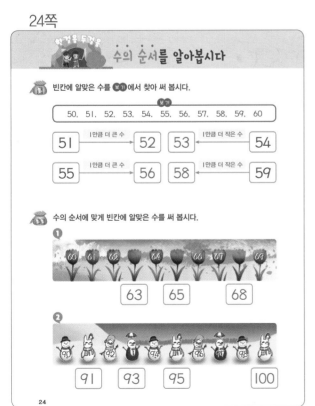

60 61 62 ( ) 64 ( ) 66 67 ( ) 69

63　65　68

❷

90 ( ) 92 ( ) 94 ( ) 96 ( ) 98 ( )

91　93　95　100

24

100을 따라 쓰면서 바르게 읽어 봅시다.

100 백	100	100	100	100	100
	100	100	100	100	100

빈칸에 알맞은 수를 써 봅시다.

❶

91　93　95　97　99
92　94　96　98

99보다 1만큼 더 큰 수는 **100** 입니다.

❷

10 20 30 40 50 60 70 80 90

90보다 10만큼 더 큰 수는 **100** 입니다.

25

69

26쪽

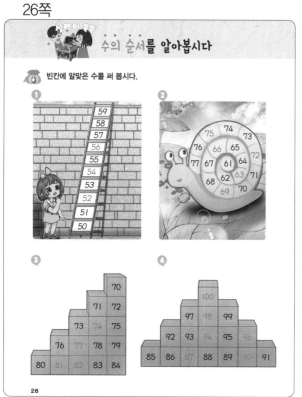

27쪽

28쪽

29쪽

30쪽

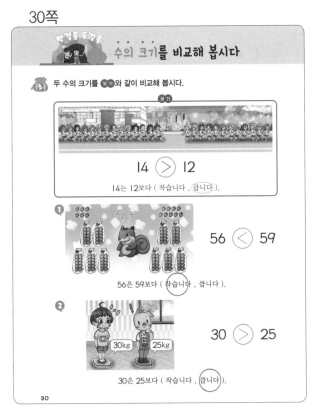

수의 크기를 비교해 봅시다

두 수의 크기를 보기와 같이 비교해 봅시다.

보기

14 ⟩ 12

14는 12보다 (작습니다 , 큽니다).

❶ 56 ⟨ 59

56은 59보다 (작습니다 , 큽니다).

❷ 30kg 25kg

30 ⟩ 25

30은 25보다 (작습니다 , 큽니다).

30

31쪽

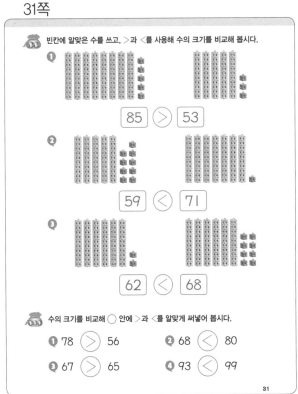

빈칸에 알맞은 수를 쓰고, ⟩과 ⟨를 사용해 수의 크기를 비교해 봅시다.

❶ 85 ⟩ 53

❷ 59 ⟨ 71

❸ 62 ⟨ 68

수의 크기를 비교해 ○ 안에 ⟩과 ⟨를 알맞게 써넣어 봅시다.

❶ 78 ⟩ 56   ❷ 68 ⟨ 80

❸ 67 ⟩ 65   ❹ 93 ⟨ 99

31

32쪽

수의 크기를 비교해 봅시다

수가 큰 것부터 순서대로 빈칸에 써 봅시다.

❶ 53 63 73

73 ⟩ 63 ⟩ 53

❷ 78 76 71

78 ⟩ 76 ⟩ 71

❸ 68 92 88

92 ⟩ 88 ⟩ 68

32

33쪽

수의 크기를 비교해 봅시다

숫자카드 놀이를 해 봅시다.   카드 ❶ 활용

① 숫자카드 9장을 숫자가 보이지 않도록 바닥에 뒤집어 놓아요.
② 두 사람이 가위바위보로 순서를 정해요.
③ 카드를 한 장씩 뒤집어서 수의 크기를 비교해요.
④ 더 큰 숫자가 나온 사람은 카드를 가져가요. 더 작은 숫자카드는 다시 바닥에 뒤집어 놓아요.
⑤ 카드가 1장 남을 때까지 계속 놀이를 해요.
⑥ 더 많은 카드를 가지고 간 사람이 승리

33

34쪽

짝수와 홀수를 알아봅시다

알맞은 말에 ○표 해 봅시다.

1 둘씩 짝을 지을 수 (**있어요** , 없어요).

2 둘씩 짝을 지을 수 (있어요 , **없어요**).

개념이
- 1, 3, 5, 7, 9와 같이 둘씩 짝을 지을 수 없는 수를 홀수라고 합니다.
- 2, 4, 6, 8, 10과 같이 둘씩 짝을 지을 수 있는 수를 짝수라고 합니다.

34

35쪽

짝수와 홀수를 알아봅시다

둘씩 짝을 지어 보고, 알맞은 말에 ○표 해 봅시다.

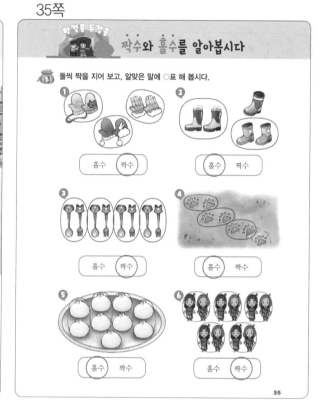

35

36쪽

짝수와 홀수를 알아봅시다

보기와 같이 수를 세어 빈칸에 쓰고, 짝수인지 홀수인지 ○표 해 봅시다.

기차는 모두 **12** 칸입니다. 기차의 칸은 (홀수 , **짝수**)입니다.

1 나무는 모두 **15** 그루입니다. 나무의 수는 (**홀수** , 짝수)입니다.

2 자동차는 모두 **14** 대입니다. 자동차의 수는 (홀수 , **짝수**)입니다.

36

37쪽

짝수와 홀수를 알아봅시다

네잎클로버 4개를 찾아 색칠해 봅시다.

이 클로버는 잎의 수가 홀수야.

37

38쪽

39쪽

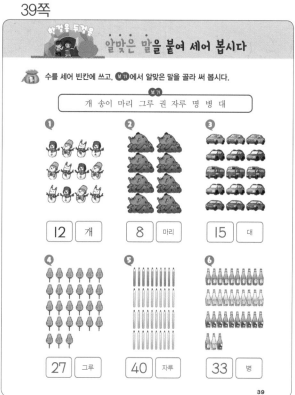

40쪽

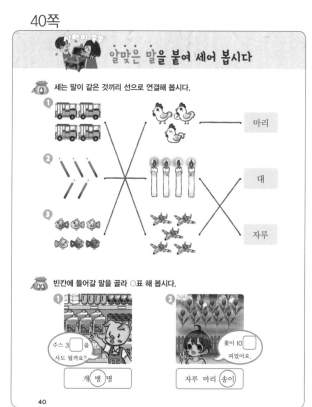

41쪽

야무진 수학 5단계

42쪽

여러 가지 단위로 세어 봅시다

빈칸에 알맞은 말을 써 봅시다.

줄넘기 10 [ ] 넘기
운동장 5 [ ] 뛰기

주스 4 [ ]

1 [ ]에 들어갈 말은 무엇인가요? 번

2 [ ]에 들어갈 말은 무엇인가요? 바퀴

3 [ ]에 들어갈 말은 무엇인가요? 잔

개념이 쑥쑥
줄넘기 열 번, 운동장 다섯 바퀴, 주스 네 잔처럼 무엇을 세는지에 따라서 번, 바퀴, 잔과 같은 말을 붙여서 셉니다.

42

43쪽

여러 가지 단위로 세어 봅시다

빈칸에 알맞은 수를 쓰고, 보기에서 알맞은 말을 골라 써 봅시다.

보기
번 포기 쪽 층 잔 칸 바퀴 장 척

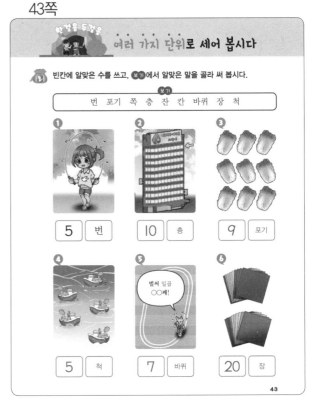

① 5 번 ② 10 층 ③ 9 포기

④ 5 척 ⑤ 7 바퀴 ⑥ 20 장

벌써 일곱 ○○째!

43

44쪽

여러 가지 단위로 세어 봅시다

세는 말이 같은 것끼리 선으로 연결해 봅시다.

①
②
③

척
칸
잔

빈칸에 들어갈 알맞은 말을 골라 ○표 해 봅시다.

① 60 [ ]의 책을 읽었어요.
쪽 척 명

② 운동장을 4 [ ] 뛰었어요.
그루 바퀴 자루

③ 50 [ ]에 있는 전망대에 다녀왔어요.
개 층 잔

44

45쪽

여러 가지 단위로 세어 봅시다

보기와 같이 그림에 ○표 하고, 알맞은 말을 붙여 읽어 봅시다.

보기

양말 1켤레   양말은 6 켤레입니다.

① 오리 1쌍   오리는 10 쌍입니다.

② 옷 1벌   옷은 7 벌입니다.

③ 계란 1판   계란은 4 판입니다.

45

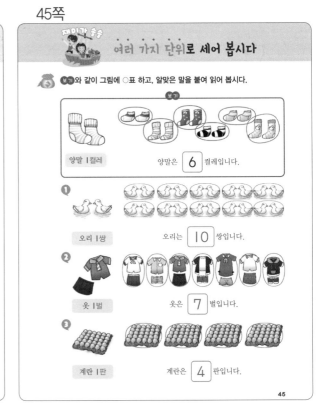

74

48쪽

규칙을 찾아봅시다

규칙을 생각하며 마지막에 끼울 구슬에 알맞은 색을 칠해 봅시다.

1 또바기는 다음에 무슨 색 구슬을 꿰어야 하나요?

2 새로미는 다음에 무슨 색 구슬을 꿰어야 하나요?

3 모도리는 다음에 무슨 색 구슬을 꿰어야 하나요?

48

49쪽

규칙을 찾아봅시다

규칙에 따라 빈칸에 알맞은 색을 칠해 봅시다.

규칙에 따라 빈칸에 알맞은 그림을 그려 봅시다.

49

50쪽

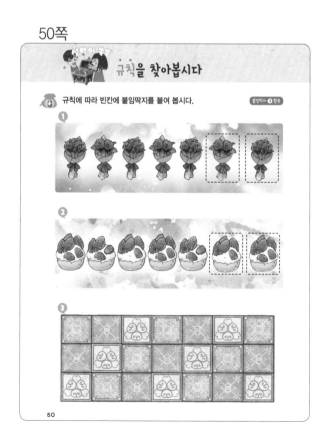

규칙을 찾아봅시다

규칙에 따라 빈칸에 붙임딱지를 붙여 봅시다.

50

51쪽

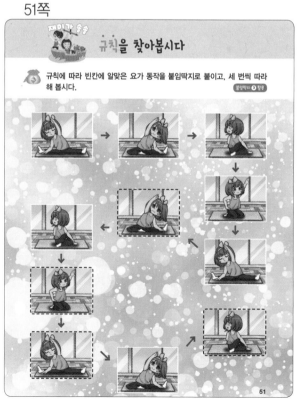

규칙을 찾아봅시다

규칙에 따라 빈칸에 알맞은 요가 동작을 붙임딱지로 붙이고, 세 번씩 따라 해 봅시다.

51

52쪽

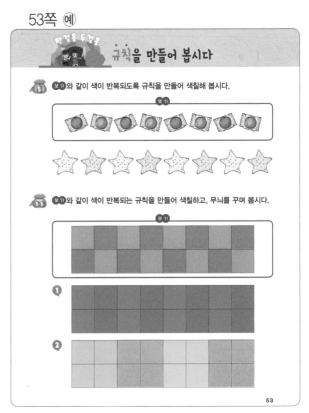

53쪽 예

54쪽 예

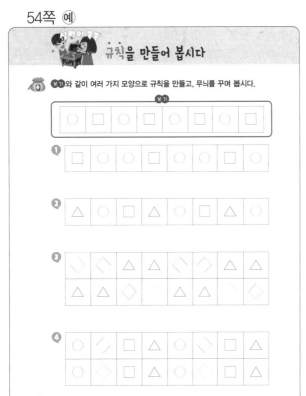

55쪽 예

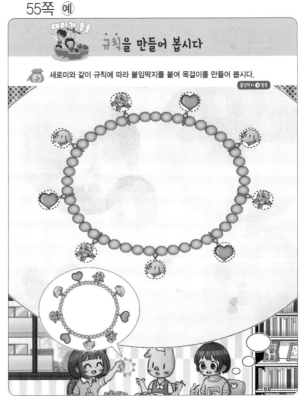

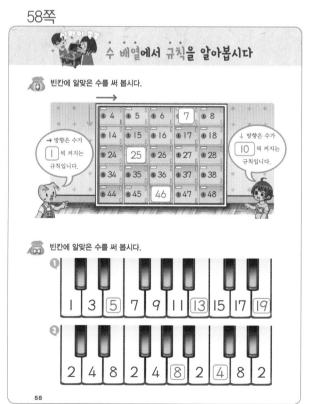

60쪽

1 빈칸에 알맞은 수를 써 봅시다.

1	2	3	4	5	6	7	8	9	10
11	12	13	14	15	16	17	18	19	20
21	22	23	24	25	26	27	28	29	30
31	32	33	34	35	36	37	38	39	40
41	42	43	44	45	46	47	48	49	50
51	52	53	54	55	56	57	58	59	60
61	62	63	64	65	66	67	68	69	70
71	72	73	74	75	76	77	78	79	80
81	82	83	84	85	86	87	88	89	90
91	92	93	94	95	96	97	98	99	100

60

61쪽

2 빈칸에 알맞은 수를 써 봅시다.

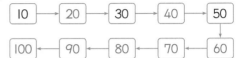

10 → 20 → 30 → 40 → 50
100 ← 90 ← 80 ← 70 ← 60

3 빈칸에 알맞은 수를 써 봅시다.

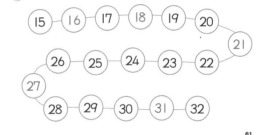

46 [1만큼 더 큰 수] 47   67 [1만큼 더 큰 수] 68
78 [1만큼 더 큰 수] 79   55 [1만큼 더 작은 수] 56
70 [1만큼 더 작은 수] 71   87 [1만큼 더 작은 수] 88

4 빈칸에 알맞은 수를 써 봅시다.

15 16 17 18 19 20 21
26 25 24 23 22
27 28 29 30 31 32

61

62쪽

5 수의 크기를 비교하여 >, <를 사용하여 나타내 봅시다.

❶ 15 > 21   ❷ 25 > 24

❸ 54 < 57   ❹ 60 < 90

❺ 87 > 78   ❻ 42 > 39

❼ 95 > 91   ❽ 89 < 90

❾ 42 < 73   ❿ 65 < 93

6 수를 보고 알맞은 말에 ○표 해 봅시다.

❶ 6 (짝수) 홀수
❷ 19 짝수 (홀수)
❸ 35 짝수 (홀수)
❹ 40 (짝수) 홀수
❺ 58 (짝수) 홀수
❻ 77 짝수 (홀수)

62

63쪽

7 규칙을 찾아 빈칸에 들어갈 모양을 그려 봅시다.

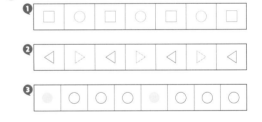

❶ □ ○ □ ○ □ ○ □
❷ ◁ ▷ ◁ ▷ ◁ ▷ ◁
❸ ● ○ ○ ○ ● ○ ○ ○

8 규칙을 찾아 빈칸에 들어갈 수를 써 봅시다.

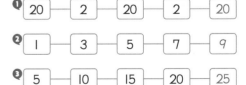

❶ 20 — 2 — 20 — 2 — 20
❷ 1 — 3 — 5 — 7 — 9
❸ 5 — 10 — 15 — 20 — 25
❹ 12 — 23 — 34 — 45 — 56

63

78

붙임딱지 ❶

14쪽

  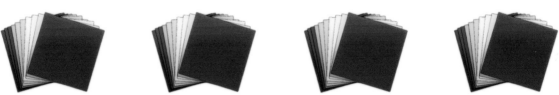 

21쪽

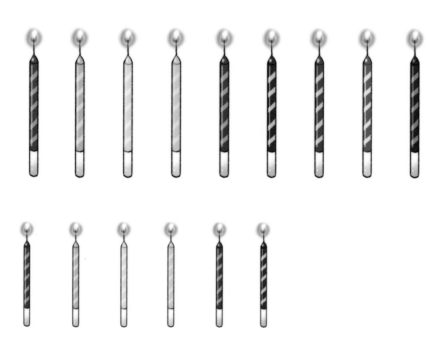

49쪽

50쪽

카드 ❶

33쪽

12	23	27
34	41	55
68	78	82